FLEUR CRÉATIF
Winter
冬日暖调

创意花艺

[比利时]《创意花艺》编辑部 编
杨继梅 译

中国林业出版社
China Forestry Publishing House

创意花艺
——冬日暖调

图书在版编目（CIP）数据

创意花艺. 冬日暖调 / 比利时《创意花艺》编辑部编；杨继梅译. —北京：中国林业出版社，2019.12

ISBN 978-7-5219-0426-0

Ⅰ.①创… Ⅱ.①比… ②杨… Ⅲ.①花卉装饰—装饰美术 Ⅳ.①J535.12

中国版本图书馆CIP数据核字（2020）第001677号

著作权合同登记号　图字：01-2019-7045

责任编辑：印　芳　王　全

出版发行：中国林业出版社（100009 北京市西城区德内大街刘海胡同7号）
印　　刷：北京雅昌艺术印刷有限公司
版　　次：2020年1月第1版
印　　次：2020年1月第1次印刷
开　　本：210mm×278mm
印　　张：5.5
印　　数：4000册
字　　数：130千字
定　　价：58.00元

花艺目客公众号　　自然书馆微店

《创意花艺——冬日暖调》设计师团队

丹尼尔·奥斯特（Daniël Ost）
info@danielost.be

弗雷德里克·范·帕梅尔（Frederiek Van Pamel）
info@frederiekvanpamel.be

葛雷欧·洛许（Gregor Lersch）
info@gregorlersch.de

简·德瑞德（Jan Deridder）
info@bloembinderijderidder.be

莫尼克·范登·贝尔赫（Moniek Vanden Berghe）
cleome@telenet.be

苏伦·范·莱尔（Sören Van Laer）
sorenvanlaer@hotmail.com

斯特凡·范·贝罗（Stefan Van Berlo）
info@bloem-illusie.be

沃特·克努特（Wout Knuts）
info@woutknuts.be

总策划 *Event planner*
比利时《创意花艺》编辑部
中国林业出版社

总编辑 *Editor-in-Chief*
An Theunynck

文字编辑/植物资料编辑 *Text Editor*
Kurt Sybens / Koen Es

美工设计 *Graphic Design*
peter@psg.be-Peter De Jegher

中文排版 *Chinese Version Typesetting*
北京八度出版服务机构

摄影 *Photography*
Kurt Dekeyzer, Peter De Jaegher
比利时哈瑟尔特美工摄影室

行业订阅代理机构 *Industry Subscription Agent*
昆明通美花卉有限公司，alyssa@donewellfor.cn
0871-7498928

联系我们 *Contact Us*
huayimuke@163.com
010-83143632

鲜花带来的一丝冒险

一年一度的比利时国际花艺展（FLEURAMOUR）再一次来了又去。在这次展会上，我们又发现了许多花艺天才。花艺的世界是如此的生机勃勃！人们热爱鲜花，而鲜花又将人们凝聚在一起。花朵具有不可思议的魔力，能够让生活变得更加美丽和宁静。每一个重要的场合中都少不了它们的倩影。若用一束简单的花束来装扮你的节日餐桌，那么来访的宾客将更能够感觉到自己备受欢迎。

专业的花艺设计师将他们的无限创意倾注到花朵之中，创造出了艺术一般的花艺作品。在本书中，我们可以通过日本三越百货商场的案例，欣赏到丹尼尔·奥斯特（Daniël Ost）的创意天赋。而在风景如田园牧歌一般的德国达梅小镇（Damme），弗雷德里克·范·帕梅尔（Frederiek Van Pamel）则运用玫瑰红的色调进行大胆创意，创造出了一个温暖的冬日气氛。花艺全能大师葛雷欧·洛许（Gregor Lersch）运用他的技术和他的花艺哲学征服了整个专业花艺领域，并通过一些花艺作品给我们展示了他的手工技巧。

我们《创意花艺》的花艺设计师们也开始创作一些符合冬季色彩趋势的作品了。我们很愿意将他们的这些创意灵感和小技巧分享给亲爱的读者们。

冬季是一个非常特别的季节。在这个时节，自然界是休养生息的。简单的颜色，比如白色、棕色和灰色是这个季节的主导色。

在物质极大丰富的时代，我们反而常常会去寻找简单。花艺设计师们结合时下偏好清醒的色彩趋势"原则"（PRINCIPLE），在一个钟罩之下创造出了简约的冬季情怀。发光的星星能够为人们带来希望；而运用冬天的松针进行设计，则可以传达出设计者灵动活泼的创造力。

这本书的内容包含了各种简单的小创意，适合于每一个热爱鲜花的人；同时，也为那些想要亲自实践自己花艺技能的人们，提供了一些具有挑战难度的设计创意。

我们祝福您拥有一个美好的圣诞假日，花开新年，喜迎2020的崭新开端。

安东尼克
An Theunynck

目录
Contents

冬季
Winter

2019比利时国际花艺展回顾	6
蔬菜与花朵的创作	18
有花的365天	20
Floos专栏：朱尔根·赫罗德（Jürgen Herold）	21

一颗发光的星星	24
运用松针的创意设计	34
冰雪世界的直立平行设计	44
色彩趋势"原则"：钟罩之内低调柔和的色彩	52

葛雷欧·洛许（Gregor Lersch）：冬季花材搭配与专业技巧	61
沃特·克努特（Wout Knuts）：以花朵之美感动人心	69
弗雷德里克·范·帕梅尔（Frederiek Van Pamel）	
鲜花装扮之下的田园小镇达梅（Damme）	73
丹尼尔·奥斯特（Daniël Ost）	
日本三越百货商场旗舰店，一次新的花艺触动	78
EMC冬季创意	84

Back to the Future, Back to Fleuramour
回到未来，回到FLEURAMOUR

"真是一场超值的展览""花艺设计如此美丽,简直令人难以置信""它又一次地叩击了人们的心弦!"……各个社交媒体对于2019比利时国际花艺花展都是广为赞叹,正面评论一直不绝于耳。多亏了数百位花艺设计师的辛勤付出,此次在奥尔登·比尔森城堡(Alden Biesen)所举办的第24届Fleuramour花艺展才能赢得了满堂彩。

此次花艺展呈现了更偏重于未来主义的花艺设计作品,以及更加新颖独特的设计形式。因此,"回到未来"的主题得到了充分的诠释,并达到了预期的效果。

2019 Fleuramour花艺展上的设计师们总是在不断地提出各种创意妙想;因此,此次花艺展必将会被作为开创性事件而被载入花艺设计的历史。

想去看看关于那些最酷的花艺作品的精美照片么?我们很乐意在这里为您再呈现一次。

1. 这是一个巨大的花朵星球,共计使用了10000朵鲜花制作而成,其中包括了80个花材品种和7种色彩。除了在星球的主体结构之外,你还可以在其他部分发现到:玫瑰、康乃馨、嘉兰、雄黄兰、铁线莲、百子莲、非洲菊、菊花、尤加利、针垫花、宫灯百合、六出花、石蒜、黄金球。这个作品的创意和设计师,是来自意大利的安吉丽卡·拉卡博纳拉(Angelica Lacarbonara)。
2. 城堡入口处的花艺设计,设计和创意来自法国的安娜马里·卡杜达尔(Annamari Cadoudal)和她的团队,整个设计的重点在于所使用的花材全部都是回收再利用的花材。

3. 在未来和过去之间,只有一扇花门将奥尔登·比尔森城堡(Alden Biesen)与外界隔开。概念设计和创意来自立陶宛的克里斯蒂娜·里米恩(Kristina Rimiené)。

4. 德米特里·图尔坎(Dmitry Turcan)和他的25人花艺小组不仅装饰了比尔曾(Bilzen)的市政厅,还装饰了教堂的回廊。

5. 墙壁原本是将人们分隔开的，但是教堂中那迷人的花墙却并不是这样：你甚至可以穿越过它！这个花墙由来自荷兰的弗兰克·蒂默尔曼（Frank Timmerman）和彼得·博伊肯斯（Peter Boeijkens）共同创作。

《创意花艺》团队以"回到未来"为主题，选择了具有未来感的三角形图案，并且让每个三角形都呈现出高度个性化的表现形式：

6. 苏伦·范·莱尔（Sören Van Laer）
7. 简·德瑞德（Jan Deridder）
8. 莫尼克·范登·贝尔赫（Moniek Vanden Berghe）
9. 盖特·帕蒂（Geert Pattyn）

⑥ ⑦
⑧ ⑨

⑩

⑪

2019比利时国际花艺展回顾

FLEURCREATIF

10. 莫尼克·范登·贝尔赫（Moniek Vanden Berghe）的作品"时间三重奏"，其灵感来自于彼得·优尼克（Peter Theurynck）的同名诗。作品以丰富的色彩和线条运动表现了浮华繁忙的日常都市生活。

11. 来自中国香港的梁灵刚（Solomon Leong）创造了一个名为"时空并置"的作品。

12. 探索太空的航行让年轻人和老年人都非常着迷。在Fleuramour花艺展上，你甚至可以撞见整个行星系统！这个作品的灵感来自于康定斯基，花艺设计师是来自俄罗斯的奥尔加·沙洛娃（Olga Sharova）。

13. 整个空间看起来似乎是一片无法估量的黑暗，直到灯光蓦然打开，世界被点亮了……这是来自荷兰的桑德拉·阿泰玛（Sandra Attema）在昏暗光线下所创造的一个独特的水下世界！

14. 一年一度的"帽子节"在星期五举行，成百上千人戴着自制的或装饰过的帽子来参观Fleuramour花艺展，并把这个活动变成了一个真正的花艺大派对。

15. "霍莉·海德·查普尔花艺"（Holly Heider Chapple Flowers）是来自美国弗吉尼亚州劳顿县（Loudoun）的一家成功的花艺工作室。今年，霍莉与苏西·科斯蒂克（Suzie Kostick）、海伦·米勒（Helen Miller）和弗朗索瓦·威克斯（Françoise Weeks）等人合作，在Fleuramour花艺展上举办了一场美丽的人体花艺秀。

FLEURCREATIF

Of Vegetables & Flowers
蔬菜与花朵的创作

比利时霍赫斯特拉滕
露天展览

简·德瑞德（Jan Deridder）的"圣凯瑟琳教堂之塔（THE TOWER OF THE ST. KATHARINA）"

简·德瑞德让这个教堂的塔楼获得了重生，只不过它是一个用植物创作出来的塔楼复制品。

简·德瑞德（Jan Deridder）的"安瓿瓶"

这是一个由简·德瑞德创作的象征性创意作品，寓意着药物是如何延长我们的生命的。医疗界用于延长生命的药物，通常都是装在安瓿瓶中。这个花艺装置采用了安瓿瓶的外观形式，里面填充着绿色植物，看起来非常富有活力和生机。

花艺设计师小组、1个技术团队和100名志愿者一次独特的合作

摄影 / 皮特·范·坎彭（Piet van Kampen）

每年夏天，比利时的霍赫斯特拉滕市（Hoogstraten）都会举行一场特别的露天展览，展出令人惊奇的花卉、蔬菜和水果。汤姆·德·豪威尔（Tom De Houwer）、塔妮娅·惠格（Tania Huyghe）和简·德瑞德（Jan Deridder）多年来一直是这个活动的花艺设计师。他们每个人都有自己的独特风格，因此这个花艺设计师小组可以创造出各种不同风格的创意作品。为了能够切实落实这些创作工作，花艺设计师小组还得到了霍赫斯特拉滕镇公园服务处的协助。他们派出了一个技术团队为各个花艺作品制作了必要的框架结构。这个技术团队与汤姆、简和塔妮娅共同合作，联合设计了至少34个大型作品。在接下来的工作中，汤姆、塔妮娅和简开始和一个热情的志愿者团队合作，最终完成了这些创意作品。

汤姆·德·豪威尔（Tom De Houwer）的 "重生（THE RESURRECTION）"

汤姆去年在奥尔登·比尔森的庭院里为Fleuramour花艺展设计的一个与众不同的红色装置作品。此次，这件作品在霍格斯特拉滕市又再次被赋予了新的生命。这一次，这件作品使用的是白色调，并在霍格斯特拉滕教堂获得了一席之地。这件作品被命名为"重生"，象征着教堂塔楼的重建。

塔妮娅·惠格（Tania Huyghe）的 "贝宁扎波塔双重奏（ZA-KPOTA BENIN2）"

霍格斯特拉滕市已经与贝宁共和国的扎波塔市结为"双胞胎城市"5年了。塔妮娅为了向扎波塔市表达敬意，在设计作品中特别运用了水果橙子，将其融入到各种体现了沙漠红色调的花朵和毛毡之间，同时作品也布置在软木和沙地之间。

塔妮娅·惠格（Tania Huyghe）的 "夏季颂歌（AN ODE TO SUMMER）"

塔妮娅创作了一个开满了鲜花的大风车，为夏天带来了一首美妙的颂歌。

Celebrate the Winter with Flowers
用鲜花来装扮冬天

冬季的白天较短。早晨天亮得晚一点，夜晚天黑得也早一点。然而，这并不是一个凄凉的季节。夜幕的降临，邀请着你去创造欢乐、去开派对、去为朋友和家人提供帮助。鲜花在此时是非常受欢迎的！它们能够带来色彩和香气。它们传递着友谊、爱、以及亲切的情感……

1. 鲜花盛宴

十二月和一月是庆祝节日的月份。我们和家人一起庆祝圣诞节，也和朋友一起庆祝新年。鲜花会让人们的聚会显得更有节日气氛，并扮靓节日的餐桌。同时，它们也是一个很好的交谈话题。当你将几枝寒丁子（Bouvardia）插入到一个单独的小花瓶中时，它们那靓丽的色彩真的很耀眼。你还可以给它们搭配上更多鲜亮的花材，如银莲花、蓝盆花、风信子和铁线莲等等。如果再添加几枝开满鲜花的金缕梅枝条，那么就会带来更多如阳光一般的温暖与光彩！

2. 将花朵作为礼物

鲜花也是一份理想的礼物。在一个盒子里面收集一些有趣的、五颜六色的、带香味的花朵；并用漂亮的蝴蝶结把这个盒子绑起来，那么你马上就有了一份美妙的礼物。挑选那些色彩丰富的花朵是制作鲜花礼盒的最佳选择。在这里，你可以找到由大花毛茛，美丽的铁筷子（Hellebore）和雅致的大星芹（Astrantia）所构成的美妙组合。风信子的加入为花盒带来了不同的色彩，并增添了另一种奇妙的香味！你也可以使用干花来制作花盒。这样的话，你就可以得到一个永久的花艺礼物。同时，你还可以在这个干花花盒中插入一朵用玻璃试管储水的鲜花来作为额外的特色补充。

3. 用一束五颜六色的花束表达新年的祝福

你打算在一月份祝某人新年快乐吗？那么一定要带上一束花。花朵将会为你的拜访增添更多的情谊。而且，它们也会让你给男主人和女主人留下深刻的印象。朱顶红那壮硕的大花朵与诸如石蒜、花毛茛、铁线莲等娇嫩雅致的花朵搭配在一起，效果真是出奇的好。

4. 用鲜花来寓意新的开始

一旦圣诞节过后，圣诞树就从起居室中消失了，我们需要加入一些新的东西。这时候，我们需要的是一个美丽的花束，绽放着春天的绿色、明亮的白色和淡淡的黄色。有一些美丽的花朵寓意着新的一年开始，其中包括了：朱顶红、风信子、花毛茛、茵芋、水仙花、金缕梅、欧洲荚蒾和连翘。

FLOOS 专栏
Jürgen Herold
朱尔根·赫罗德

花朵的艺术意味着对大自然充满热爱，并将大自然作为最重要的基础。这就是朱尔根·赫罗德的哲学。朱尔根是一位德国花艺大师。他在2009年创办了自己的公司"手工花艺与花艺设计工作室"（"Hand·werk·floraldesign"）。在此之前，他曾经与葛雷欧·洛许（Gregor Lersch）和布鲁门·科赫（Blumen Koch）在柏林一起工作过。2012年，他在德国的全国花艺大赛上获得了金牌。2015年，他还参加了在德国柏林举办的花艺世界杯大赛。通过"手工花艺与花艺设计工作室"这个公司，朱尔根会承接一些新娘花艺、葬礼花艺、空间装饰等类型的工作。同时，他也会作为自由花艺设计师为其他的花店工作。此外，他还与杂志社合作并拍摄一些照片，还在国内外举办各种花艺工作坊，并且参与各种花艺表演活动。

FLOOS.ORG网站

朱尔根也与FLOOS网站建立了合作。FLOOS网站是一个互动的、数字化的、国际性的花艺学习、交流网络平台，您可以在这里查阅到许多国际花艺设计师的信息资料。

A Chromatic Elegance
色彩的优雅

蝴蝶兰、穗菝葜、星花轮锋菊、白头翁、洋桔梗、金丝桃、花贝母

Phalaenopsis 'Singapore', vlinderorchidee
Smilax aspera, struikwinde
Scabiosa stellata, zaaddozen duifkruid
Pulsatilla vulgaris, zaaddozen wildemanskruid
Eustoma 'Mono Lisi Green' eustoma
Hypericum 'Coco Uno' vruchten hertshooi
Fritillaria imperialis, vruchten keizerskroon

木质底座、蜡烛、木片、直径0.8mm的玻璃试管、直径1cm的玻璃试管、缠纸铁丝、木签、藤条芯、银色的钢丝

先用钢丝制作出三个圆环，并用几个竹签把它们相互连接在一起，共同组成一个大的圆环结构。然后，把玻璃试管绑在这个圆环结构的四周，并利用三根粗铁丝将这个圆环结构固定在一根粗壮的蜡烛上面。为了创造出漂亮的表面纹理，先将一些扁片的木条穿插在圆环结构之中，然后再添加其他的元素，以便形成更丰富的纹理和更多变的运动线条。这是一个如同在嬉戏般、轻盈透气的餐桌花作品，它以蜡烛为中心构成了独特的节奏与明暗变化。蝴蝶兰是这个作品的关键元素，它使整个作品的色彩显现出优雅的气质。

FLEURCREATIF

Getting to Work on Four Flower Themes
4个冬日主题花艺设计

2019年冬季的色彩趋势被称为"原则"。在物质富足的日子里，我们将设计重点放在了克制、朴素、纯色上面。同时，它也意味着这一年即将结束。一方面，这是一个大量聚会的时节，会有很多的美食、饮料，以及很多的礼物；另一方面，大自然则散发出宁静和朴素的气息，并以白色、棕色和灰色来装扮世界。

光，在这个季节也扮演着非常重要的角色。因此我们决定创造出一颗明亮而充满希望的星星。

圣诞节之前，我们都会在家里装扮上一棵圣诞树，即一棵绿色的冷杉树。因此，你可以从这些松针中获得无尽的独特创意，并运用这些灵感制作出非常美丽的冬季花艺作品。

冬天也是寒冷和霜冻的时节，你可以使用蜡烛和白色的花材在居室内营造一处白色的自然景观。

24 **一颗发光**的星星
A Luminous Star

34 运用**松针**的创意设计
Being Creative With Pine Needles

44 **冰雪世界**的直立平行设计
Icy Parallel Arrangement

52 **色彩趋势"原则"**——
钟罩之内低调柔和的色彩
Colour Trend Principle
Muted Colours Under A Bell Jar

FLEURCREATIF

A Luminous Star
一颗发光的星星

——

在我们的生活中，象征性符号扮演着非常重要的角色。发光的星星代表着永恒、象征着黑暗中的光明，因此它是希望的象征。你可以通过花艺设计师莫尼克（Moniek）、简（Jan）、斯特凡（Stefan）或苏伦（Sören）等人设计的几个作品为例，创造出属于你自己的星星。

Warm Orange Pink and Gold
温暖的橙色、粉色和金色

蝴蝶兰、情人草、松果球、巴西胡椒木（长着粉红色的胡椒球果）、玫瑰（永生花）、多肉石莲花、空气凤梨

Phalaenopsis, butterfly orchid
Limonium, sea lavender
Pinus, pine cones
Schinus terebinthifolius,
Pink pepper balls
Rosa, freeze-dried roses
Pachyveria, succulent
Tillandsia xerographica

铝线、金色金属丝、花艺铁丝、电钻、灯具、储水试管

1. 先用铝丝做出叶子的轮廓骨架，再用金色的金属丝反复缠绕，直到你能够做出一个坚实的叶片形状。接着，把一根长杆的花艺铁丝和细的金色金属丝一起插入到电钻的钻头中。这样的话，就可以利用电钻钻头的飞速旋转，将金属丝缠绕在花艺铁丝上面。
2. 接下来把前面制作好的金属叶子绑在裹缠好的铁丝杆上面，这样你就能够制作出带着金色叶片的藤蔓枝条。然后，将使用它们制作出一个围绕着灯具的星星架构。
3. 使用更多的铝丝来强化星星的整体造型，使它看起来更加饱满。注意在添加花材的时候，应该先将情人草添加到这个星星架构上面。因为情人草这种花材不必放在储水试管中吸水，即使完全干燥之后也能够很好地保持原貌。
4. 使用铝丝将松果球绑在星星架构上面。再使用冷胶把胡椒球果和永生花玫瑰粘贴在作品中。将蝴蝶兰插入储水试管中，再绑到星星架构上面。
5. 最后一笔是画龙点睛，也就是用空气凤梨的叶子来装饰整颗星星，让它看起来更加灵动活泼。

FLEURCREATIF

Frozen Star
结冰的星星

晚香玉（永生花）、迷你蝴蝶兰、银扇草、桑蚕丝
Polianthes tuberosa, stabilised tuberose petals
Phalaenopsis, mini butterfly orchid
Lunaria, Annual Honesty
Morus, mulberry

白色的毛毡、金属圆环框架（Euroflor品牌）、白色的绳子、白色的绒线、圣诞灯、星星图案的基础模型、黄色的海胆壳

1. 先将一个星星图案的基础模型悬挂在圆环中间。标出这个星星与圆环接触的6个点，并把一根绳子绑在这些点位上作为标记，这样你就能记住具体的点位了。将绳子绑在几个点位上之后，就可以用这根绳子在圆环上面来回缠绕，缠出第一个三角形结构（星星形状的一半）。注意在缠绕过程中，绳子应该在圆环上面标记好的点位上进行交叉。当第一个三角形缠绕完之后，你就可以继续缠绕第二个三角形。同时，要确保星星顶部和底部的两个三角形顶点都是固定在圆环的正中间。一旦把星星结构制作完成后，你就可以用细细的白色绒线，并加上一点热熔胶或冷胶将这些绳子固定好。接着，在星星结构上面装饰一串圣诞灯（有120个小灯泡）。

2. 确保在星星尖角的每一个小三角形中都有大约7个灯泡。在星星结构的中间，你可以用圣诞灯的电线串创造出一个基础网格结构，以便于稍后把花材直接固定在上面。

3. 用一根细细的、几乎看不见的白色绒线把圣诞灯的电线串，三三两两地找几个连接点绑扎在缠绕出星星结构的绳子上面，进而形成一个灯串的网格结构。将这个灯串固定好之后，你还需要剪切出6个小三角形，以便将星星的6个尖角填满。也就是说，你需要剪切出12个小三角形的毛毡片，这样才能两两相对把它们粘在一起。具体来讲，就是用一点冷胶把这些小三角形的毛毡片填充在星星尖角上，再把它们两两相对粘在一起。现在，你就可以把用桑蚕丝拧成的一股股柔软的小花链绑在这颗星星上面了。

4. 在装饰海胆壳的时候，需要先给海胆壳绑上细的金色金属丝，然后再利用金属丝把它们固定在作品中。接着，再加入晚香玉永生花和美丽的银扇草，同时可以使用一点冷胶将它们粘贴固定。

5. 最后，将几朵迷你蝴蝶兰插入到架构上面，并在花朵的背面用冷胶粘上一小撮白色绒线，将花朵固定好并稍作修剪。这样一来，虽然从外观上几乎看不出有白色绒线，但是它却能够稳稳地支撑住这些小兰花。

莫尼克·范登·贝尔赫

27

一颗发光的星星

Exotic Heavenly Body
奇异的天外来客

红瑞木、丝苇仙人掌、兰花（红色）

Cornus, black/red dogwood
Rhipsalis, mistletoe cactus
Cambria, red orchids

铁艺底座、铁艺星星、圣诞灯串、圣诞树装饰品、兰花的专用储水试管

1. 先制作出一个星星形状的铁艺架构。然后把圣诞灯的灯串（暖光）缠绕在这个基础架构上。
2. 使用红瑞木编出一根大辫子，并用铁丝将辫尾捆扎起来，直到你能够得到一个漂亮而丰满的星星形状。这样做，也可以增加整个作品的体积。然后，再把这个做好的星星安置在铁艺底座上面。
3. 将一条条的丝苇仙人掌捆绑在编织成大辫子的红瑞木枝条间，再将装饰用的圣诞灯的灯串也插入其间。
4. 最后再添加兰花。注意要将兰花的小枝条先插入到兰花专用的储水试管中（带盖子的储水试管），以便你可以将这些兰花的小枝条朝着任意方向、自由地插入到作品中。当你在布置兰花的时候，要重点突出这颗星星从中心向着尖角逐渐放射的线条流动感。

Reach For The Heavens
伸向天堂

花毛茛、柳枝

Ranunculus, buttercup
Salix, willow branches

薄的易弯折的泡沫纸、用电池供电的LED灯、酒瓶、玻璃试管

1. 用一块泡沫纸剪出一个星形。然后，用LED灯把星星包缠起来。
2. 把几根柳枝扎成一束，然后将金属丝缠绕在这束柳枝上面，以这种方法制作出几束柳枝。这样一来，你就可以把你的"新枝条"弯曲成任何想要的形状。
3. 接着，把这几束柳枝插进一个瓶子里。这个瓶子要事先在内部填充材料增加重量，以防止花艺作品倾倒。
4. 把星星挂在枝条上面，并弯曲枝条创造出各种形态，产生一种蜿蜒起伏的线条动感。
5. 最后，再给这颗星星添加上一些花毛茛作为装饰，花毛茛的茎杆可以插入到那些绑在星星架构背面的玻璃试管中吸水。

简·德瑞德 31 一颗发光的星星

Dates and Orchids
棕榈果与兰花

棕榈果实、迷你蝴蝶兰
Trachycarpus, fan palm fruit
Phalaenopsis, mini butterfly orchid

金色金属丝、金色弹力线、天然草绳、用电池供电的LED灯、带有小白珠的金色铁丝、木板

1. 在一块木板上，用钉子钉出一个星星的形状；然后，用绳子、金色金属丝和金色弹力线围绕着这几颗钉子来回缠绕，直到最终创造出一个完整的星星形状。
2. 在星星结构的右边，固定上一个干枯的棕榈果实枝条。接着，利用金色的金属丝把海胆壳绑在架构上面。
3. 最后，再添加上一些迷你蝴蝶兰，蝴蝶兰的茎杆是直接插在一个小的储水试管中吸水的。

FLEURCREATIF

Being Creative With Pine Needles
运用松针的创意设计

冬季是冬青、扁柏、冷杉、松树等绿色植物生长的季节。你可以使用松针玩儿出很多花样和创意。既可以把它们扎成一束一束的式样,也可以用它们来制作一块挂毯,还可以把它们彼此交叉地粘在一起,做成大树的形状。或者,你还可以只是很简单地将松针作为一种装饰元素。

Bonsai Pine Tree
松树盆景

悬铃木球果、黑松松针、冬季的盆景树

Platanus, plane fruit
Pinus nigra, pine needles
Bonsai tree in winter

胶枪/喷胶

1. 把松枝上的松针都摘下来，利用胶枪把这些松针粘贴到一棵光秃秃的盆景树上面。具体来说，就是先准备好一个盆景树的基础结构，然后把胶水喷在盆景树上面。这样一来，你就可以直接在盆景树上面洒上一些松针，胶水可以使它们粘在上面。
2. 然后，粘上悬铃木的球果作为点缀。这样你就有了一棵迷你小树，而且它的针叶还不会脱落。
3. 用钉子把这棵小树钉在一个木底座上面。在圣诞节期间，你还可以用一些LED圣诞灯串和迷你的圣诞装饰品把它打扮成一棵美丽的圣诞树。

Dancing Pine Needles
跳舞的松针

被喷涂成金色的松针、铁线蕨、兜兰、那不勒斯花葱、常春藤果实、落叶松枝条

Pinus, gold-coloured pine needles
Adiantum, Maidenhair fern
Paphiopedilum, Venus slipper
Allium neapolitanum, clusters
Hedera, ivy fruit
Larix, larch twigs

白色胶带、玻璃试管、木扦子、木板、电钻、硅胶饼干模具、蜡、圣诞装饰品

1. 首先，要制作出蜡质的漂亮徽章。先将固体蜡熔化成蜡液。然后，将铁线蕨的小枝条切成小段，放入到硅胶模具的圆形开口中。接着，小心地在模具里面浇入薄薄的一层蜡液。过几天之后，凝固在蜡液中的铁线莲小枝条碎段就会变成深棕色。
2. 拿一根缝衣针，用打火机加热之后，小心地在这个做好的蜡质徽章上面打出一个小孔洞。这样，徽章就做好了。
3. 拿出几个玻璃试管，在每个玻璃试管外面都粘上一根长的木扦子作为支脚。然后将一些松针包裹在玻璃试管的外壁上，并用白色胶带把它们固定好。如果需要的话，还可以用胶水在白色胶带的外面再粘上一层缎带作为装饰。
4. 在木板上面用电钻钻出几个小孔洞，这样的话就可以将绑在玻璃试管上面的木扦子很好地插进到小孔洞中固定。
5. 把落叶松的枝条横着架在这些松针的顶部，利用这些枝条来悬挂那些漂亮的圣诞装饰品，并把事先做好的圆形蜡质徽章也吊挂在枝条上面。
6. 最后，把玻璃试管的里面装满清水，并将花材插入其中。

莫尼克·范登·贝尔赫

运用松针的创意设计

Hellebore Surrounded By Pine Twigs
松针环绕的东方铁筷子

松树枝条、松针、东方铁筷子、松果球
Pinus, pine twigs
Helleborus orientalis, different kinds of Oriental Hellebore
Pine cones, different sizes

圆铁环、捆绑铁丝、柳条篮子、胶枪、塑料薄膜、钓鱼线

1. 把一些大小不同的干松果球粘贴在柳条篮子的外壁上面,直到做出一个很好的基础底座。然后把一块塑料薄膜铺在篮子之内并粘贴固定,再把不同种类的东方铁筷子的植株以土培的方式栽种到篮筐中。再用一些小松果把盆栽最上层裸露出来的花土遮盖起来。

2. 取一个大大的圆铁环,用捆绑铁丝把一些松枝绑在圆铁环上面。使用结实的钓鱼线在圆铁环内部编织出一张网格结构,并利用钓鱼线把这个绑着松枝的圆铁环悬吊起来。

3. 最后,再将种着盆栽植物的柳条篮子小心地放置在圆铁环中间的网格中,并把它固定在能够保持平衡的最佳位置上。

FLEURCREATIF

Line Play With Pinus
松针的线条游戏

樟子松枝条、松针、东方铁筷子、松果球
Pinus sylvestris, pine needles
Helleborus orientalis, different kinds of Oriental Hellebore
Pine cones, different sizes

花艺铁丝、捆绑铁丝、电钻、木块、鲜花冷胶、玻璃试管

1. 将几根粗壮的花艺铁丝扎成一束，然后利用电钻钻头的旋转将捆绑铁丝裹缠在这个花艺铁丝束上面，使它变成一根粗壮的铁棒。然后，再取出一个小木块。
2. 先在木块上面钻出2个孔洞，然后再把这个木块全部漆成黑色。将两根缠绕好的铁棒分别插入到孔洞中。接下来，在2根铁棒之间绑上一些漂亮的细枝条来增强稳定性，以确保这2根铁棒能够保持直立的姿势。
3. 在2根铁棒靠近顶部的位置之间，捆绑上3根细铁丝作为"横梁"。这样一来，就可以把松针悬挂在这些"横梁"上面。在你添加松针之前，可以在细铁丝上面涂抹一点冷胶，以保证松针悬挂得更加牢固。然后，再将其他的花材添加到这个整齐的行列中，并固定在细铁丝上面。

提示：要让所有的鲜花和叶材的茎杆都插入到装满清水的玻璃试管中，确保植物可以吸水。

斯特凡·范·贝罗 41 —— 运用松针的创意设计

Contrasting Arrangement
对比设计

松树枝条、被喷涂成金色的松针、迷你蝴蝶兰、桦树皮剪成的小星星、落叶松、蜡菊

Pinus, gold-coloured pine needles
Phalaenopsis, mini butterfly orchid
Betula, birch stars
Larix, larch twigs
Helichrysum, straw flower

金属框架（Euroflor品牌）、铜色的方形网格片、装饰铁丝（金色）、木块、用电池供电的灯串、漆成金色的海胆壳、储水试管

1. 先把整个金属框架喷上金色油漆。当油漆全部晾干之后，再将一片铁丝鸡笼网绑在金属框架上面，用来覆盖住金属框架的一块局部空间。然后，将所有松针都以水平方向绑在这张铁丝鸡笼网上面，并使用金色的装饰铁丝沿着横向的方向将它们固定好。按照这种方式，一直将整片铁丝鸡笼网全部覆盖住（前后两侧）。
2. 接着，把落叶松的枝条绑在这个架构上面，再在上面绑上几个用桦木制作的小星星。
3. 在架构作品的左侧，纵向地粘上一排蜡菊。然后，再将几个金色的海胆壳随机地绑在架构上的各个地方作为装饰。最后，再为作品添加上2个迷你蝴蝶兰的小枝条，这些兰花的枝条是插入到一个封闭的带盖子的金色储水试管中吸水的。

莫尼克·范登·贝尔赫

43

运用松针的创意设计

FLEURCREATIF

Icy Parallel Arrangement
冰雪世界的直立平行设计

—

　　冰与雪是体现冬季的典型元素。利用石蜡、人造雪、白色和棕色的花材，你可以在居室内模拟出寒冷冬季的感觉。我们《创意花艺》团队的花艺设计师们运用棕色与白色创作了一组冰雪世界的直立平行设计作品。在这些花艺作品中，他们使用的是对环境友好的可生物降解的花泥。

Wintry White Brings Light
冬季的白色光芒

东方铁筷子、冠状银莲花、那不勒斯花葱、锦葵（干燥的茎杆）、蜂斗菜（干燥的大叶子）、串铃草（干燥的串铃草）

Helleborus orientalis, Oriental Hellebore
Anemone coronaria, poppy anemone
Allium neapolitanum, Star-of-Bethlehem
Malva, dried Mallow stems
Petasites, dried Coltsfoot Foeniculum vulgare
Phlomis, dried fennel Jerusalem sage

花泥、固体蜡（蜡烛）

1. 为了制造出结冰的视觉效果，先将固体蜡熔化。然后，在几张玻璃纸上面浇上一层薄薄的蜡液，并趁着蜡液还温热的时候，扭曲玻璃纸来塑形，使它看起来更接近自然的冰冻效果。
2. 在干燥的蜂斗菜（又称"款冬"）的大叶子上面也浇上薄薄的一层蜡液，创造出冰冻的视觉效果。先将花泥砖吸足水分，然后再将花泥砖的下半部分浸入到温热的蜡液中，使它的外表面裹上一层蜡液。这样一来，花泥砖的下半部分就裹上了一个可以用来储水的蜡衣。
3. 把串铃草的茎杆以直立平行线条的形式插入到花泥中。接着，把事先制作好的碎冰片（蜡质"冰"片）悬挂在这些茎杆上面，使这些"冰"片灵动地穿插这些直立的茎杆之间。
4. 现在，就可以把其他的花材也按照直立平行线条的形式，插入到这些干燥的茎杆和"冰"片之间了。

FLEURCREATIF

Blooming Ice Cakes
开满花朵的冰蛋糕

绿菟葵、茉莉、银芽柳、尤加利果、白色葡萄风信子、核桃树枝条、白色水仙

Hellebore
Jasminus, jasmine tendrils
Salix, pussy willow
Eucalyptus, fruits
Muscari, white Grape Hyacinth
Juglans regia, walnut twigs
Narcissus papyraceus, daffodil

2块圆形直径不同的带底盒花泥（posy pad），具体型号可根据你的蛋糕架来选择。
2个圆形直径不同的、带托盘的金属蛋糕架。

1. 把2块厚厚的圆饼形状的花泥浸入水中，让它们吸足水分。利用铸蜡的方法，在花泥表面裹上一层蜡衣。在包裹蜡衣的时候，要确保让花泥顶部的蜡衣是平坦的，而花泥侧边的蜡衣则有一些向下流淌和水流滴落的痕迹。然后，趁着蜡液还是温热的，也就是还没有完全凝固的时候，将花材直接刺透蜡衣层并插入到花泥中。
2. 运用这些花材插制出一组直立平行线条形式的花艺作品。在这组作品中，那些长着毛绒绒树芽的银芽柳和水仙花构造出了作品的高度。最后，把制作好的"蛋糕"妥帖地放在金属蛋糕架上面。绑在蛋糕架上面的那几根灵动活泼的核桃树小枝条，完美地将2个单体作品连接在了一起。

苏伦·范·莱尔

47

冰雪世界的直立平行设计

Icy Flower Partition
结冰的花艺隔断

干燥的绣球花、松果球、开花的李子枝条、蝴蝶兰、铁筷子、椰子壳

Hydrangea 'Annabelle', dried Hydrangea
Pinus, pine cones
Prunus, blossom twigs
Phalaenopsis, butterfly orchid
Helleborus, Hellebore seed pods
Cocos nucifera, coconut

装饰性的铁丝鸡笼网、石蜡、画笔、木板、花泥、长柄的储水试管

1. 将几片铁丝鸡笼网捆绑着连在一起,并弯折成所需的形状。加热石蜡(或旧蜡烛)之后,使用油画笔刷将熔化的温热的蜡液刷涂在铁丝网格片上面。完成这一步之后,就可以将干燥的绣球花粘在铁丝网格片中了,再涂抹一些蜡液将它粘贴固定。

2. 将这个铁丝网格片侧立在一块木板上面,并利用几个切成两半的椰子壳作为支撑。这几个椰子壳是用胶水直接粘在木板上面的。在其中的几个椰子壳中,你可以填充上可生物降解的花泥,花泥的颜色刚好可以与作品的颜色完美地搭配在一起。而在另外的几个椰子壳中,你可以填充小石子和圆形蜡烛作为装饰点缀。

3. 把开着花的李子树枝条和铁筷子插入到花泥中。再取几个长柄的塑料试管,试管外面也涂上一层蜡衣,并将它们固定在铁丝网格片上面。这时,你就可以将蝴蝶兰插入到这些塑料试管中吸水了。最后,再添加几个松果球作为装饰并完成整个作品。

49 — 斯特凡·范·贝罗 冰雪世界的直立平行设计

Natural Icicles
天然的冰柱

带花序的桤木枝条、万代兰、玫瑰

Alnus, alder branches
Vanda, orchid
Rosa 'White Eye', rose

几根"木质泡沫（Foam wood）"，喷涂成白色、带塑料盒底托的花泥、双头螺丝钉

1. 将几个双头螺丝钉刺穿花泥，使钉子的尖头分别从花泥的顶部和底部扎透出来。然后，在花泥的顶部和底部分别加入几根被喷涂成白色的木质泡沫。这样的话，你就会产生一种错觉，仿佛这几根树枝是一直向上生长着，并穿透了整个作品似的。
2. 再使用一些带花序的桤木小枝条和桤木果实来填充花泥。既然这里使用的是彩色花泥，那么即使露出一部分花泥的颜色也是没有关系的。
3. 最后，再使用一些美丽的'白色眼睛'玫瑰和万代兰来将填充花泥空隙，装饰并完成整个作品。

FLEURCREATIF

Colour Trend Principle
Muted Colours Under A Bell Jar

色彩趋势"原则"
钟罩之内低调柔和的色彩

———

　　在一个物质富足的世界，潮流趋势"原则"却将设计重点放在了紧缩上面。我们重点使用了一些冷静的、甚至有些冰冷的色彩组合形式。它们代表着纯洁，也代表着纯净的水和空气。为了把握住这些原则要素，我们刻意将作品都安置在一个小小的钟罩之内。

Precious Birth Towers
宝贵的生命之塔

玫瑰（永生花）、晚香玉（永生花）、落叶松枝条、桦树皮、木质的圆盘

Rosa, stabilised roses
Polianthes tuberosa, Stabilised tube rose
Larix, larch twigs
Betula, birch bark
Wooden discs

玻璃钟罩、铝线或者缠纸铁丝、棕色的拉菲草、羊毛毡、金属杆

1. 把一根金属杆固定在圆木盘上。把桦树皮剪切成小片，并把这些小片的树皮刺穿打孔。再剪出一些大小和形状与桦树皮相似的毛毡片。把这些剪成方形小块的桦树皮和羊毛毡，一叠一叠成串地穿在金属杆上。

2. 用棕色的拉菲草把一根铝线裹缠起来，或者也可以直接使用粗的缠纸铁丝。将裹缠好的铝线绑在金属杆的顶端。从金属杆的顶端开始，将铝线向下和向后弯曲塑形，并将这根铝线的末端再返回来固定在金属杆的顶端。把花朵、落叶松的小球果和浆果等绑在这条弯曲的铝线上面。

3. 最后，再把一个玻璃钟罩罩在这个作品上面。在设计过程中，务必要注意花艺作品的高度，以免它在钟罩里显得过于局促。

Cherished Water Lilies
被珍视的睡莲

白睡莲（经过冷冻干燥处理的睡莲）、'小天使'蔓绿绒（干燥的气根和茎杆）
Nymphaea alba,
freeze-dried water lilies
Philodendron xanadu, dried aerial roots
and stems of Philodendron

胶枪、电钻、粗的花艺铁丝、木板、高的玻璃钟罩、鲜花喷剂

1. 选择一块木板，在木板上面钻出4个孔洞，分别对应着4个钟罩的具体位置。同时，要确保在这4个孔洞的位置放上玻璃钟罩之后，整体作品看起来是和谐的。然后，将4根粗铁丝分别插入到这些孔洞中并固定。
2. 先将干燥的蔓藤枝条绑扎在铁丝杆上面，再将冻干的睡莲粘贴在这个基础结构上面。然后将鲜花喷剂喷洒在睡莲上，以保护冻干的花朵，并使它们的色泽更加鲜亮。最后，再把四个玻璃钟罩一一放好。

Richly Filled Flower Bell Jars
盛满鲜花的钟罩

绣球、康乃馨、铁筷子、松树（松果球和枝条）、桦木圆盘形切片

Hydrangea 'Annabelle', Hydrangea
Dianthus, Carnation
Hellebore
Pinus, pine cones and twigs
Betula, wooden birch disc

玻璃钟罩、装饰丝线、不透水的托盘、花泥

1. 先用彩色的丝线缠绕在玻璃钟罩外面作为装饰。然后将一块可生物降解的花泥放在一个不透水托盘中，并在花泥上面插满绣球花'安娜贝尔'。
2. 在花泥和绣球花的空隙之间，插入一些康乃馨与铁筷子。注意铁筷子要先插入到一个塑料储水试管中，然后再将储水试管插入到花泥中。同时，还要注意确保钟罩和花朵之间有足够的呼吸空间。
3. 你可以将一些鹅耳枥的干叶子摆放在托盘中，这样就可以把玻璃钟罩撑起来一点点的高度，从而让钟罩下面总有一些空气流动。把装有钟罩的托盘放在一个桦木圆盘上，并在木盘外圈粘上一些漂亮的松果球，使它们环绕在钟罩的周围。
4. 最后，将几根小松枝用铁丝捆绑在钟罩的一侧。

Ixodia Jewel
山雏菊宝石

松树枝、山雏菊（干花）
Pinus, pine twigs
Ixodia, dried Ixodia flowers

水滴形玻璃、银色的捆绑铁丝、人造雪、玻璃钟罩

1. 你先在这个水滴形玻璃上面找一处用来连接铁丝的位置，并在这个具体位置喷上胶水。这样一来，裹缠在它上面的银色铁丝就能够更加牢固也更有抓力。喷上胶水之后，就可以将银色铁丝按照交叉线条的形式裹缠在整颗水滴形玻璃上面。
2. 接下来，小心地将山雏菊的小花朵粘在这些捆绑铁丝上面，并使花朵均匀地分布在水滴表面。
3. 将一根丝线或铁丝穿过玻璃钟罩的顶部开口，利用这根铁丝将一根小松枝横着吊挂在钟罩内部。然后，在钟罩的底部撒上一些人造雪。最后，将钟罩的底部用胶水粘在玻璃罩上面，使两者牢牢结合在一起。这样一来，你就可以把整个作品悬挂起来了。

'Sobriety As A Lifestyle'
"将清醒作为一种生活方式"

在当今这个时代,"我们不做什么"已经变得和"我们做什么"一样重要。在我们这个物质富足和充满诱惑的世界里,说"不"已经成为一种强有力的态度,代表着一种意志力,同时也代表着一种身份地位。

在不久的将来,这种通过敢于说"不"而塑造身份和心态的潮流趋势将改变我们的生活方式。

我们看到人类在这方面进化最明显的第一个重要领域就是食物领域。"一月不喝酒(dry January)""无肉月(meatless month)"和"零糖运动(zero sugar movement)"等等,只是消费者有意识地去自主选择饮食的几个例子。

在Instagram上,诸如"清醒的生活(soberlife)"之类的标签和"清醒的运动(sobermovement)"之类的账号,都在积极推动人们将清醒作为一种生活方式。

近年来,"5+2"饮食已经变得非常流行。不仅如此,现在的消费者还将更进一步,因为"禁食将成为新的盛宴"。在科技创业的圈子中,像"印象笔记(Evernote)"的前首席执行官菲尔·利宾(Phil Libin)这样的人物正在掀起一股时代潮流,他们几天不吃东西,长时间只喝水和红茶。他是越来越多的生活方式领导者之一,致力于研究禁食如何影响他们的健康、情绪和工作效率。

所有这些新现象的产生,是与一部分社会大众正朝着更严格原则演变的大趋势完全同步的。

这些偏向于严格的原则也在设计领域中找到了出口,"无塑料的五月(plastic-free May)"等消费者的倡议行动正在引导着设计师们去重视原材料的采购和生产过程,并且正在激起新一轮生态工业材料应用的浪潮。

在色彩设计方案中,我们选择的是那些我们认为与清洁、纯净的水或空气相关的色彩,例如:浅蓝色、灰白色、浅绿色。这些代表着纯净的色彩与钢铁制造等工业材料代表的色彩构成了鲜明对比。我们在这里所使用的色彩组合形式,暗喻着一种朴素节俭的生活态度。色谱中那些属于鲜明而冷峻的颜色在这些作品中得到了充分地展现。

本文是根据"弗朗奇色彩(Francq Colours)"趋势研究所的趋势报告所编撰的。

Gregor Lersch
葛雷欧·洛许

Wintry Materials and Special Techniques
冬季花材搭配与专业技巧

摄影／卡塔琳娜·桑达科娃（Katarina Sandakova）

德国有一个传统，即，在基督降临节和圣诞节来临的期间要进行花艺创作。葛雷欧·洛许将这个美好的传统传播到了全世界。他拥有丰富的关于特殊技巧和特殊材料的专业知识，这正是下面的花艺作品所要展示的核心内容。

这个季节常用的花材有朱顶红、铁筷子、冬青花和仙客来，不过这个时节也有许多兰花在它们的原产地南半球的土地上自然盛开。对于这些兰花，我们通过一些手段调节了它们的"生物钟"，让它们"反季"盛开，便能运用到花艺作品中了。我们调节它们的"生物钟"，让它们能够"反季"盛开。

同时，在这一系列的花艺作品案例中，你还将会看到其他象征冬天的花材，它们也经常出现在其他的花艺作品中，其中包括：针叶树的枝条、松果球、浆果、冬季水果、橄榄；还有一些常绿植物，如黄杨木、冬青树、攀缘常春藤；以及有炭化木、钢草和坚硬的旱生植物、松针和柳枝、红瑞木和榛树枝等等。

通常来说，那些喜欢接受鲜花作为礼物的人，往往更喜欢收到花束形式的礼物。因为就鲜花礼物的传递方式来说，中间往往需要几经转手，所以花束要比其他类型的花艺礼物更适合于运输服务，传递起来也更方便和更人性化。

这里所展示的花艺作品，大部分都是非对称设计的形式，但是看起来却非常具有装饰效果。

合作设计师： 来自莫斯科的妮可·梅斯特舒尔（Nicole Meisterschule）

Red Flowers Are The Focal Point
红色花朵是中心焦点

这个红色的凹面形式的花束是通过特写镜头拍摄的。从制作方法来看，它是先用小树枝和细柳枝编织出一个粗略的网格结构，然后再将大量不同长度的松针编织到这个由枝条组成的网格中，而不需要使用铁丝网格片。红色的朱顶红和红玫瑰是整个作品的中心焦点。在开放着的花朵周围，你可以看到带着种子的木百合（Leucadendron）干枝，还有为作品增添了一抹绿色芳香的秘鲁胡椒木。这张照片是一张放大的特写照片，详细地展示了这个篮筐形式小花束的内部构成元素。

Horizontal Arrangement of Salmon-coloured Hues
三文鱼色的水平花艺设计

这是一个为基督降临节创作的花艺作品，同时它也预示着圣诞节即将到来。作品中用到了大量的鲜花。作品安置在2个铁丝支架上面，支架由手工制作，材料是白色的捆绑铁丝，外形看起来像是一个鸟爪。2个鸟爪支架之间通过一片非常通透的铁丝网格片连接在一起。首先，几根灰白色的桦树枝构成了作品的一个基础框架。在此之上，绑上一些玻璃试管，然后再将各种美丽的花材插入其中。花材有：'利马'朱顶红（amaryllis 'Lima'）、石蒜、'卡布奇诺'玫瑰（rose 'Cappuccino'）、绿色的松枝、鱼尾葵（Caryota palm）的枝条、'暖阳'康乃馨（carnation 'Solemio'）、秘鲁胡椒木、西班牙苔藓和麦冬。

选择2支略微带有冰雪清凉质感的蜡烛固定在两个金属烛台架上面。烛台架用直径为1.4mm的捆绑铁丝制作而成。然后将一些古铜色的装饰丝线分别裹缠在几根铁丝上面，并将它们插入到作品中作为装饰，创造出一种低调华丽的闪亮效果，同时也要注意符合圣诞节的气氛。新鲜的绿色钢草点缀其间，让整个作品焕发出一股新生的活力。

Waterfall Bouquet
瀑布下垂形式的花束

在这个线条流动性非常明显的花束作品中，一些被缠纸铁丝裹缠住尾端并绑在架构中的塑料试管，反而被推到了前景画面中。将一些生命周期很长的熊草扎成一捆一捆的形式，并用胶水把它们粘在塑料试管中，创造出一个瀑布下垂形式的长拖尾，从而让花艺线条轻缓而平静地自上而下流淌着。固定它们的铁丝外面都裹缠着一层胶带，以防铁丝生锈。同时，所有的储水试管外面也都包裹了一层树皮，看起来更加自然。最后，再添加几颗用桦树皮做成的小星星，以及一些落叶松的松果球来装饰点缀。紫色的玫瑰是整个花束的视觉焦点，是这个作品中的大明星。

63

葛雷欧·洛许

In Balance
平衡

　　尽管这个餐桌花具有很强的线条感，但它还属于装饰型设计。这个长横向作品是由一个大花泥球所主导的。

　　具体来看，是先将一个花泥球切掉1/3，留下2/3的部分，并使用大量棕色的空心茎杆按照直立平行线条的形式插在花泥中；同时，还有一些毛毡条也是纵向排列着插在花泥上面；毛毡条和空心茎杆紧紧地挨在一起。制作好的花泥球放置在铁丝支架顶部的一个网格片上面。铁丝网格片使用直径为1.8mm的铁丝制作而成，可以稳稳地承托住花泥球。然后再利用这个铁丝网格片来固定花材和其他材料，并固定那两支充满时尚感的、沙灰色的蜡烛。朱顶红和虎眼万年青（*Ornithogalum sandersonii*）负责创造这个餐桌花作品的线条动感。而激发起人们对这个季节的怀念，则是绿色的松针和常春藤的任务。圣约翰草（St. John's wort）的红色小果子，呼应了朱顶红那合拢的花苞所悄悄透出的一丝红色讯息；而仿佛是漂浮在整个作品之上的几根红色的红瑞木枝条，也在同声应和着这支红色的旋律。这个作品的底部还有一个金属的铁丝支脚，它用21根粗铁丝作为骨架，再用细的捆绑铁丝捆绑和缠绕制作而成。

A Bouquet Surrounded By Pine Cones
环绕着松果球的花束

这个花束的主体是一个铁丝架构。利用直径约为1.8mm的铁丝作为骨架，再将一些表面涂了石蜡涂层的捆绑铁丝在上面交叉缠绕的方式制作而成。

铁丝架构低调地隐藏在欧洲山松（*Pinus mugo*）小松果球的背景之中。小小的松果球排列在一起，创造出充满冬日气息的结构和质感。花束中吊挂着的棕色皮条绳，看上去与皮鞋的鞋带很相似，它们随机地绑在花束架构的各个地方。

整个花束看起来并不觉得紧绷，这主要得益于库拉索芦荟（*Aloe vera*）的花朵在垂直空间中努力向上生长的线条动感，以及嘉兰在水平空间中跳跃着向外延展的线条活力；同时，整个作品的外轮廓线条也是自由松散的形式。那些绒绒质感的椰丝纤维为作品增添了柔和的元素，同时利用这些椰丝纤维将几条附生植物斑丝苇属仙人掌（*Lepismium cruciforme*）的枝条绑在花束的一侧，让整个作品的故事情节从左向右渐渐增强和演进。新鲜的红掌也成功地吸引了人们的注意力。

A Structure of Bamboo Rings
利用小小的竹子圆环组成的架构

这个花束的基础架构是用很多小小的竹子圆环组合而成的，每个竹子圆环的直径大约为8cm。基础架构让花束显现出水平的、清新的，并且带有一点点冬日气氛的外观。

小竹子圆环先用胶水粘贴在一起，然后再用捆绑铁丝进行加固，接着再将它们固定在一个铁丝手柄上面。铁丝手柄的外面还裹缠着一层鲜花胶带。

花束按照螺旋法制作，花材包括：虎眼万年青、麝香百合、白色的'雪山'玫瑰、白色的石蒜、绿色的圣约翰草（St. John's wort）、帚石楠的尖芽（heather tips）、海葱（*Ornithogalum thyrsoides*）。在花束的底部，还悬挂着几根细细的白色的芦苇纤维丝，丝线上面吊挂着几颗剪出来的毛毡星星作为装饰。同时，整个长拖尾部分又都是凭借着一根银色的金银线（bullion thread）绑在花束基础架构上面的。最后，将这个花束作品插入到一个高高的玻璃花瓶中，以便让长长的大拖尾能够层层叠叠地从高处垂落下来。

68

沃特·克努特

Wout Knuts
沃特·克努特

Connecting People with Floral Compositions Gives Me Pleasure, Moving People with the Beauty of Flowers is My Life Purpose

将人们与花艺作品连结在一起给我带来了快乐,"以花朵之美感动人心"是我的人生目标。

小时候我就想成为一名花艺设计师。因为花艺制作既使我放松,也让我快乐。我在这个领域学习了很多不同的课程,并且很早就开始在各种不同类型的花店中工作。

最近7年来,我也拥有了自己的花店作为副业。平时,我会举办一些花艺工作坊、根据客户需求承接各种类型的花艺工作,并且为一些大公司提供空间装饰服务。此外,我还作为一名花艺设计师在比利时通厄伦市(Tongeren)的园艺中心(Garden Forum)工作。同时,我也喜欢与一些大型活动合作。

我很早就知道了比利时国际花艺展(Fleuramour)的鼎鼎大名,那时候我还在之前的雇主那里工作。当时,我经常会参加一些花艺比赛和花艺表演。

在荷兰芬洛市(Venlo)举办的世界园艺博览会(The Floriade World Exhibition)上所展出的花艺作品,是我第一次以个人名义在大型活动中亮相。那时候,我感觉到一个新的世界正向我敞开,我感觉到我想要表现更多,我可以做出一些更大更特殊的作品,而不必考虑预算和时间。

对我来说,做一个项目大约需要半年的时间。它先从一个创意理念开始,然后是对概念的细化、材料的选择与布局、各种基础结构的制作等等一系列工作,并且在这个花朵世界中试着表达出对他人的情感。我在这个过程中获得了极大的乐趣和启迪,而见证到这个项目的最终实现,又让我收获了巨大的满足感。

5年前,我开始与Fleuramour花艺展合作,力图促进我的事业和花艺工作坊。到那时为止,我还只是Fleuramour花艺展上一个访客,但是在那里的工作锻炼让我拥有了更强大的洞察力和更广阔的视野。

多年来,这些项目渐渐变得更大,也变得更复杂和更具有挑战性。现在,我不仅要确保让花艺作品融入到空间环境中,而且还设计了属于自己的铁制和陶瓷底座,并邀请专业人士对这些设计进行创新和发展,从而让他们也感受到和我一样的创作激情。

I think it's a great feeling to be able to give depth to my work.
我认为能为我的作品赋予深度或意义的感觉，很棒！

除了创造出完美的视觉效果之外，我还会在作品中讲述一个动人的故事。这些故事能够让参观者们思考，使他们感到快乐，并带给他们一些内在的东西，或者让他们进入禅宗的体验。我认为这样做是很棒的，我也很喜欢看到参观者们的反应。

去年我为一个慈善机构完成了一个项目，名为"救护车的愿望（Ambulance Wens België）"。参观者可以把他们自己"隐藏的梦想"写在纸上，并挂在这个装置上面。这样做，他们就有可能迈出自己梦想的第一步。在这次活动中，我们筹集到了不少钱。通过这种方式，"救护车的愿望"就能够实现一些"姑息性病人（palliative patients）"的遗愿。在我父亲的健康状况变得不那么确定的一年里，我能做到这一点让我非常高兴，这对我来说也是非常具有个人意义的。因此，我无比感恩此次活动的所有捐款。

我认为能为我的作品赋予深度或意义的感觉，很棒！这也使我越来越关注于婚礼和葬礼工作。这样做不仅给我自己增加了价值，同时也给客户增加了价值。因此，这份努力不仅仅是在经济上，而且也在情感上一直滋养着我。这些年来，这种投入对我已经变得越来越重要了。

今年，我开设了一门名为"花朵能够治愈你的灵魂"的新课程。要知道，我已经运用这个理念在花艺行业中实践了近十年。在这门课程中，我们会在冥想之后深入到花朵的世界中去创造，分析所创作出来的花艺作品，并赋予它们一种精神内涵。对我来说，这是一种丰富而强烈的体验。

这些感觉会触动你传达给人们一些东西，对他们来说可能意味着一个巨大的变化。这让我非常感动。

我希望能够把我的技能传授给别人，并激励他们成长；我希望能够出版一本含有我工作照片的书籍，并亲自撰写一些鼓舞人心和动人的词句；此外，还有一些其他诸如此类的梦想。无论将来我还会萌发出什么样隐藏的梦想，我都希望一切能顺顺利利，其他的则顺其自然。正如古语所言，万事皆有定数。待续。

Frederiek Van Pamel
弗雷德里克·范·帕梅尔

The Idyllic Town of DAMME in Flowers
鲜花装扮之下的田园小镇达梅

冬季是人们欢宴交际、举杯共饮的好时节。因为花朵的色彩丰富靓丽,所以它们是为居家客厅带来温暖气氛并增光添彩的完美选择。

不仅如此,即使是大空间和建筑物,也会因为鲜花的装扮而变得宏伟大气。弗雷德里克·范·帕梅尔是来自比利时布鲁日市(Bruges)的花艺设计师和装饰设计师,他是营造空间氛围的艺术大师。弗雷德里克在如田园诗般优美的达梅小镇的一所教堂中,创作了一个巨大的花环,温暖的红色点亮了整个空间。而且,这个大花环是以对角线的形式倾斜着悬挂在天花板上面的,因此当你进入教堂时会感觉到一种自己备受欢迎的气氛,同时你还会有一种可以走进教堂的感觉。在市政厅的空间装饰中,弗雷德里克选择了传统的比利时杜鹃花(Azalea),这些玫瑰红色调的杜鹃花是来自于Hortinno品牌的花材。杜鹃花是一种花朵很多的植物,也适合应用于这种大型且持续时间较长的花艺创作项目,因为它的花期可以持续3个星期以上。弗雷德里克在一片悬挂着白桦树枝条和一面大花墙的"森林"中,建造出了一座巨大而美丽的花塔。在隔壁的房间里,你还可以坐在一张装饰精美的餐桌旁,桌子上点缀的冬青浆果(ilex berries)闪耀着温暖的红色光芒。

"2019达梅之冬"花艺展(WINTER IN DAMME 2019)将于2019年12月21日(星期六)至2020年1月5日(星期天)举办 我们在位于达梅小镇中被修复一新的圣约翰医院(Saint John's Hospital),举办了此次温暖的冬日花展。届时,花艺大师弗雷德里克·范·帕梅尔和他的团队将会展示出很多新颖的且令人惊叹的创意作品,它们正在那里静候着您的到来。

FLEURCREATIF

75

弗雷德里克·范·帕梅尔

FLEURCREATIF

76

弗雷德里克·范·帕梅尔

Daniël Ost
丹尼尔·奥斯特

Gives the Japanese Flagship Store Mitsukoshi A New Floral Touch
日本三越百货商场旗舰店，一次新的花艺触动

摄影／©丹尼尔·奥斯特，作品与"东京与环球"工作室（Tōkaen and Universal）联合制作

　　三越百货是日本最大的百货公司之一。该公司成立于1673年的江户时代，有着真正的历史传统。这家旗舰店"日本桥三越本店（Mitsukoshi Nihonbashi）"位于东京，属于日本国民信托基金会（Japan National Trust）。

　　国际知名的日本建筑师隈研吾（Kengo Kuma）受托将该建筑改造成当代的零售空间，同时还要不破坏建筑的灵魂。在可持续发展的背景下，隈研吾创造了一个"白色森林"，即一个美丽的白色空间，空间里面的立柱看起来就像是一棵棵白色的大树。因为他知道丹尼尔·奥斯特是一位尊重建筑的空间装饰大师，所以专门邀请他用鲜花来装饰这次正式的商场开幕庆典。

　　尤其在这次大型活动中，三越百货的神像更是得到了修复，要以崭新的面貌重现在人们面前。丹尼尔·奥斯特在这个场景中，特意选择了与神像相一致的色彩，将大量ANSU品牌的万代兰花朵精心地装饰在楼梯两侧的墙壁上面，从而创造出一幅精美的画面。

　　白色的凤凰从白色森林的灰烬中腾空而起。这件创意作品也寓意着这座建筑从旧零售的灰烬中涅槃重生。

　　用万代兰花朵装饰的一个巨大花柱矗立在通往三越商场的地铁出入口位置，欢迎着顾客们的到来。

FLEURCREATIF

79 ― 丹尼尔·奥斯特

80 — 丹尼尔·奥斯特

81 ── 丹尼尔·奥斯特

EMC CREATES WINTER
EMC冬季创意

EMC（欧洲花艺师认证课程）的花艺设计师们探索了冬季的主题和趋势，并通过花艺作品以具象的形式将它们表达出来。

Sparkling winter
明媚的冬天

菊花、玫瑰、松果球、虎皮兰、斑叶竹节秋海棠、帝王花

Chrysanthemum
Rosa 'Kahala', rose (Decofresh)
Picea abies, pine cones
Sanseveria, mother-in-law's tongue leaf Begonia
maculata, leaf begonia
Protea 'Sunset', protea

宽条的金色金属网格片（Agora品牌）、花瓶（Agora品牌）、彩虹色的玻璃纸、玻璃试管、鲜花营养保鲜喷剂

1. 利用铁丝拧转技巧，用细细的金色金属丝将松果球绑在金色的宽条金属网格片上。
2. 然后，将这张金属网格片弯折成型，并用一根支撑铁丝把它固定在花瓶的上面，利用这个网格片作为花材的自然支撑物。
3. 将虎皮兰穿在这根支撑铁丝上并固定好。再将彩虹色的玻璃纸剪成小正方形，并在上面穿孔，利用一根金色金属丝将这些小玻璃纸穿成一串，并固定在作品中。
4. 将玻璃试管绑在金属网格片上面。插入花材，并将斑叶竹节秋海棠的叶子插入到注满清水的玻璃试管中。

感言——瑞金·莫特曼
（Regine Motmans）

EMC教给了我更好地了解自己！它可真是一场自我挑战，它检验并开阔了我的知识范围。虽然你是一名成功的花艺设计师，拥有多年的工作经验。但是有时候，你还是会觉得作品中好像缺少点儿什么，而你却无法搞清楚缘由。或者，当你想要和工作伙伴解释他们的作品是哪儿出了偏差时，却总是苦于词不达意……

EMC课程会教导你如何分析设计作品。你会事先进行设计构思，并根据研究分析来决定哪一个部分应该更高一些、更低一些、更宽一些，以及决定是否需要更多的花材，形式上是否需要更加对称等等。

感言——达利娅·博尔托洛蒂
（Dalia Bortolotti）

对我来说最重要的一课，就是学会了对花材的各种可能性保持开放，探索超越传统的应用形式，尝试各种各样和意想不到的设计效果。而最大的回报，就是我在EMC之旅中遇到了很多杰出的同伴、朋友和导师；并且，得益于他们的帮助和支持，使我成长为了一名花艺设计师和艺术家。

Christmas Basket
圣诞节的篮子

尾穗苋、文竹（喷涂成银白色）、鳞叶菊、黄栌花序、硬叶蓝刺头、圆锥绣球、白云杉、蓝叶云杉、银芽柳、北美香柏

Amaranthus 'Yearning Desert'
Asparagus setaceus, silver painted asparagus
Calocephalus brownii 'Silver Sand', cushion bush
Cotinus obovatus, American smoketree
Echinops ritro, Great globe thistle
Hydrangea paniculata 'Limelight', Hydrangea
Picea glauca, fir cones
Picea pungens, fir cones
Salix discolor, pussy willow
Thuja occidentalis, northern white-cedar

鲜花冷胶、银色装饰花边、直径1mm的花艺铁丝、熔化的石蜡、金属花碗，碗口直径45cm

1. 运用装饰性的花边，将金属花碗的上边沿包裹起来。沿着碗口，用铁丝制作出一圈可以用来支撑花材植物的基础结构。在添加铁丝的时候，注意要将铁丝牢牢地拧紧在花碗的上边沿处，确保铁丝是沿着碗口的四周均匀分布的。
2. 利用铁丝鸡笼网的编织技巧，将金属花碗上边沿的铁丝编织成网格状的支撑物。将北美香柏的小枝条浸入到融化的蜡液中，然后再取出，从而在它的外表裹上一层薄薄的石蜡，看起来就好像是覆盖着冰雪一样。在将枝条插入作品时，注意要留出一段时间让枝条上面的蜡液凝固。
3. 将一些鳞叶菊穿插着编织到铁丝鸡笼网之中，以便将这个铁丝支撑结构隐藏起来。然后，将剩下的花材层叠依次插入到作品中。首先将蓝刺头穿在铁丝上，然后再利用铁丝支脚插入到作品中。其次，添加文竹。最后，再添加黄栌。如果需要的话，可以使用鲜花冷胶或者蜡液来固定花材。

冬日的柱列
Wintry Columns

满天星、刺芹、绵毛水苏
Gypsophila paniculata 'Mirabella', gypsophilia
Eryngium campestre, Eryngium
Stachys byzantina, lamb's-ears

木板（40cm×40cm）、透明木清漆、棉布、黑色1cm长的钉子、小锤子、银色的宽条铝皮（宽度20mm，长度160cm）、将游泳浮棒切割成3段：一段长21cm，一段长35cm，一段长56cm；铅笔、电钻、直径2mm的木钻钻头、
6根直径1.8mm的铁丝，按3种不同长度切割：10cm、15cm和25cm；铁丝夹子、万能胶、苔藓钉、鲜花冷胶、花剪、花刀、手套、鲜花营养保鲜喷剂

1. 先给木板涂上一层透明清漆。然后，将木板静置24小时，以便完全晾干清漆。
2. 将宽条的铝皮用钉子钉在木板的侧边四面。
3. 在木板上面标出3个游泳浮棒的具体位置，并用铅笔画出圆形轮廓线。然后，在每个圆形轮廓的圆心处，用电钻钻出一个直径为2mm的孔洞。接着，在每个洞口内部都滴入万能胶水。将铁丝的尖端剪出一个斜口，直接刺入到木板上钻好的孔洞中。较短的浮棒使用长度为10cm的铁丝作为支撑，中间长度的浮棒使用长度为15cm的铁丝作为支撑，而最长的浮棒则使用长度为25cm的铁丝作为支撑。需要事先将游泳浮棒的底部涂上胶水，然后再慢慢地将它刺穿并套在铁丝杆上面。
4. 剪下绵毛水苏的叶片。利用鲜花冷胶和苔藓钉，将绵毛水苏的叶片以水平平行的方式，紧贴着固定在游泳浮棒的外表面。
5. 将刺芹的茎杆剪切成1cm长度。将鲜花冷胶涂在茎杆上面，然后将茎杆直接刺入到覆盖着绵毛水苏的游泳浮棒之内。
6. 在操作的时候，注意要带上手套来保护手指。再粘上满天星的小花头，创造出一个星星状的、纯净的冬日风情。

感言——戴安娜·托马
（Diana Toma）

欧洲花艺师认证课程（EMC）是一次惊喜的旅程：尽管过程非常辛苦，但收获也是巨大的。它帮助我开阔了视野，并掌握了非常有价值的理论信息。EMC向我展示出了，我自己的极限可以被拓展到何种程度，以及我在突破极限之后做出的成果有多么的令人惊奇。但是，最重要的是，它给我提供了一个花艺设计的新视角，它让我张开了双眼去展望世界，敞开心胸去拥抱世界。从本质上讲，这才是"改变生活"的真正意义所在。

感言——谢琳·谭
(Sherene Tan)

EMC激发了我的创造力,并且帮助我认识到作为一名花艺设计师,我到底是谁。同时,它还日复一日地增强着我对鲜花与大自然的热爱之情。从第一天起,我就一直享受着我的EMC之旅。一路上,我学到了如此多的知识,同时也收获了很多美好的友谊。

Winter Grass With A Blue Tint
淡蓝色调的冬日草趣

铁线莲、西澳蜡花、小盼草、飞燕草、桃金娘、绣球、干燥的芒草

Clematis 'Hyde Hall', clematis
Chamelaucium uncinatum, Waxflower
Chasmanthium latifolium, wood oats
Delphinium elatum, candle lark spur
Doritaenopsis 'Sogo Venis', butterfly orchid
Hydrangea paniculata, hydrangea
Miscanthus sinensis, dried Maiden silvergrass

**木板、泡沫粘土砖、竹签、
玻璃试管、捆绑铁丝、鲜花胶水、
带直径0.3cm钻头的电钻**

1. 在木板上面钻出孔洞。然后利用铁丝将储水玻璃试管绑在竹签上面。将小块的泡沫粘土砖串在竹签的底部,以及串在干芒草的茎杆上。
2. 将竹签插在木板上面钻好的孔洞中。在干芒草茎杆的底端涂上鲜花胶水,然后也插入到木板上的孔洞中。最后,给玻璃试管加满水,再将新鲜的花材植物插入其中。

2020年全球著名花展活动

一月

德国
2020年1月6日—2月29日
金缕梅展，卡尔姆豪特（Kalmthout）
www.arboretumkalmthout.be

荷兰
2020年1月12日—14日
Trendz 2020春季展，
花艺商品交易会，霍林赫姆（Gorinchem）
www.trendzvakbeurzen.nl

法国
2020年1月17日—21日
房间和物品（Maison&Objet），巴黎
一个重要的室内装饰博览会
www.maison-objet.com

德国
2020年1月24日—28日
圣诞世界与花艺装饰，交易会
节日装饰和鲜花交易会，法兰克福
www.christmasworld.messefrankfurt.com

比利时
2020年1月26日—28日
比利时Trendz—"生活和生活方式"商品交易会
弗兰德斯会展中心（Flanders Expo Gent）
www.trendzbelgium.be

德国
2020年1月28日—31日
IPM埃森，国际植物博览会，埃森
www.ipm-essen.de网站

二月

比利时
2020年2月1日—29日
嚏根草的节日，奥斯特卡姆普（Oostkamp）将举办花艺大师托马斯·德·布鲁因（Tomas De Bruyne）的花艺展览，并同时举办专业花艺设计师大赛，竞技"嚏根草之花艺大奖"。
www.hetwilgenbroek.be

德国
2020年2月7日—11日
德国法兰克福春季消费品博览会（Ambiente），法兰克福
www.ambiente.messefrankfurt.com

波兰
2020年2月13日—15日
栀子花，花园节，波兹南（Poznan）
www.gardenia.mtp.pl

意大利
2020年2月26日—28日
"我的植物和花园"，
国际绿色植物展，米兰
http://myplant garden.com/en/myplant-garden

美国
2020年2月26日—3月1日
华盛顿西北地区花卉园林展，华盛顿
国家会议中心
www.gardenshow.com
2020年2月29日—3月8日
费城花展，费城
www.theflowershow.com

三月

比利时
2020年3月6日—8日
比利时科特赖克会展中心（Kortrijk xpo）花园博览会
www.tuinxpo.be

瑞士
2020年3月11日—15日
Giardina园艺博览会，"花园与生活方式"，苏黎世
www.giardina.ch

斯洛文尼亚
2020年3月13日—15日
植物、园艺、花卉和景观
建筑，采列（Celje）
www.ce-sejem.si

荷兰
2020年3月21日—5月10日
基肯霍夫（Keukenhof），利瑟（Lisse）
春季鲜花展
www.keukenhof.nl

美国
2020年3月25日—27日
世界花卉博览会，达拉斯（Dallas）
www.worldfloralexpo.com

澳大利亚
2020年3月25日—29日
墨尔本花展
www.melbflowershow.com.au

四月

比利时
2020年4月2日—5日
女士之花，兴根镇（Hingene）
比利时皇家花卉协会的花卉活动，
安特卫普省（department Antwerpen）
www.fleursdesdames.be

美国
2020年4月2日—5日
旧金山或加州花卉园林展
萨克拉门托（Sacramento）
www.norcalgardenshow.com

英国
2020年4月17日—19日
RHS花艺秀，卡迪夫（Cardiff）
www.rhs.org.uk

五月

英国
2020年5月19日—23日
RHS切尔西花展，切尔西（Chelsea）
www.rhs.org.uk

法国
2020年5月20日—24日
Fleuramour 2020国际花展艺术与植物节
在瓦兹河畔的奥弗斯城堡（Auvers-sur-Oise）
www.chateau-auvers.fr

FLEUR CRÉATIF Autumn

秋花秋果
创意花艺

花艺趋势

一颗秋天的心

秋季色彩聚焦绿色

果实的运用

葛雷欧·洛许——少即是多，柔和、敏感与克制

纪念的季节：鲜花抚慰人心

[比利时]《创意花艺》编辑部 编

杨继梅 译

FLEUR CRÉATIF
创意花艺

扫码购买

20 年专业欧洲花艺杂志
欧洲发行量最大， 引领欧洲花艺潮流
顶尖级花艺大咖齐聚
研究欧美的**插花设计趋势**
呈现不容错过的精彩花艺教学内容

6 本/套	2019	原版英文价格 ~~620~~ 元 / 套
		中文版价格 348 元 / 套